Jakob van Eeuwen

Dekorative Schachteln

Schritt für Schritt selbstgemacht

Frech-Verlag Stuttgart

Für eine gewerbliche Nutzung der gezeigten Modelle ist die Genehmigung des Verlags erforderlich.

Fotos: Birgitt Gutermuth

Vorgestanzte rechtwinklige, runde und ovale Formen und Materialien können Sie im Fachhandel in Bastel- oder Schreibwarengeschäften bekommen.

Inf. v. Eeuwen - Koningsstr. 96
1241 NR H'sum - Holland

Auflage: 5. 4. 3. 2. 1. | Letzte Zahlen
Jahr: 1993 92 91 90 89 | maßgebend

ISBN 3-7724-1315-3 · Best.-Nr. 1315

frech-verlag
GmbH + Co. Druck KG Stuttgart
Druck: Frech, Stuttgart 31

Schöne Verpackungen gewinnen an Bedeutung. Das gilt ganz besonders für Geschenke, spielt aber auch in anderen Bereichen eine wachsende Rolle. Selbst Aktenordner müssen längst nicht mehr wie „Aktenordner" aussehen!

Aus diesen Überlegungen heraus entstand dieses Buch. Selbstgefertigte Schachteln, auf die ich mich hier beschränke, können kleine Kunstwerke sein. Auf jeden Fall sind sie in ihren vielfältigen Formen – eckig, rund oder oval und überzogen mit entsprechenden Dekoren – äußerst attraktiv.

So hoffe ich, Ihnen Anregungen, Vorschläge und Tips zu geben, wie Sie mit schönen Schachteln für sich selbst praktische Ordnungshelfer und schöne Geschenkpackungen zur Freude anderer herstellen können.

Jakob van Eeuwen

Bei unseren Kartonagen dient Graupappe als Grundmaterial, wobei meist eine Stärke von 1½ mm verwendet wird. Für kleinere Schachteln können Sie auf dünneren Karton zurückgreifen (1 mm oder 600 g/qm).

Als erstes ist diese Graupappe sehr exakt zuzuschneiden, wofür auf dem beiliegenden Bogen entsprechende Vorlagen gegeben werden.
Diesen Arbeitsschritt können Sie sich allerdings ersparen, wenn Sie die im Fachhandel erhältlichen vorgerillten oder ausgestanzten Pappen verwenden.

Schon an dieser Stelle sei betont, was bei allen Arbeitsschritten gilt: Sorgfältiges, akkurates Arbeiten ist unerläßlich. Das Ergebnis soll ja ein Schmuckstück werden, das über einen längeren Zeitraum in Gebrauch bleibt.

Für den Kartonzuschnitt benötigen Sie als Werkzeug ein spitzes Falzbein, ein Stahllineal mit Maßeinteilung bis ca. 40 cm, einen Cutter bzw. ein Ritzmesser und einen Bleistift.

Als Material kommt zum Kartonzuschnitt das Dekorpapier (z.B. Marmor- oder Vorstanzpapier) mit einem Gewicht von ca. 90-110 g/qm. Geschenkpapiere wiegen meist nur 60-70 g/qm; das reicht nicht für unseren Zweck, denn es wird beim Leimauftrag wellig.
Für alle Kartonklebearbeiten ist ein Spezialleim einzusetzen, der wenig Wasser enthält und das Wellen von Karton und Papier vermeidet.
(Kartonage- oder Papparbeitkleber)

DAS GESAMTE ARBEITSMATERIAL AUF EINEN BLICK

- kleiner Pinsel
- großer Pinsel
- Falzbein (klein, spitz)
- Schere
- Schneidmesser
- Alu-Lineal
- kleiner Winkel
- feines Schmirgelpapier (Sandpapier)
- Plastikfolie als Klebeunterlage
- Schneidunterlage
- Haushaltstücher
- Wasser
- Kartonagenkleber

Joker

GRUNDSÄTZLICHES

Laufrichtung

Bedingt durch die maschinelle Herstellung haben Papiere und Pappen immer eine Laufrichtung.
Das bedeutet, daß von da her einige Materialeigenschaften längs und quer unterschiedlich sind. Wichtig beim Bekleben der Graupappe ist nur, daß die Laufrichtung der beiden Materialien parallel geht.
Die Laufrichtung läßt sich bei Pappe durch leichtes Biegen feststellen – die Richtung mit dem geringeren Widerstand ist die Laufrichtung. Papier muß in Wasser gelegt werden; es rollt sich in Laufrichtung ein.

Motiv des marmorierten Papiers

Das Motiv der Schachtelverkleidung und das der Deckelverkleidung sollte die gleiche Richtung haben. Beim Feder- und beim Pfauenmotiv zum Beispiel ist darauf zu achten, daß das Muster längs verläuft.
Ganz perfekt ist eine Arbeit, wenn der fließende Übergang des Musters vom Deckel zur Schachtel gelungen ist.

MITTELGROSSE SCHACHTEL

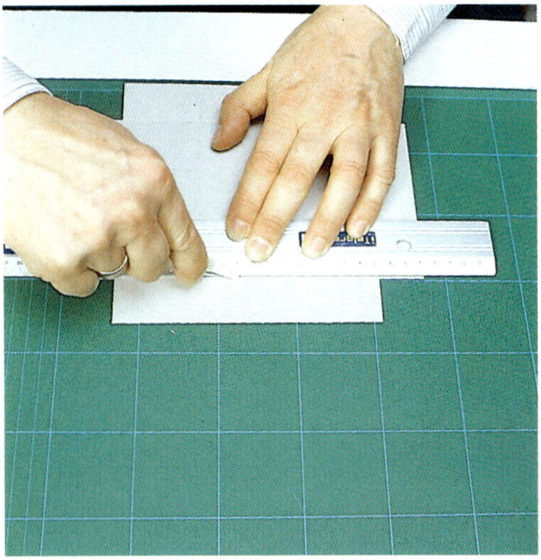

◀ Die Form für die rechteckige Schachtel vom Vorlagenbogen übernehmen. Alle vier Seiten entlang dem Falz einrillen und mit dem Falzbein leicht eindrücken.

Karton mit gerillter Seite oben auf marmoriertes Papier legen und die Form mit Bleistift nachzeichnen. ▶

◀ Unbedruckte Seite des Papiers von innen nach außen mit Klebstoff einstreichen; Plastikfolie hierfür als Unterlage verwenden. Karton auf das Papier kleben, den Rand besonders gut andrücken. Beachten Sie die Trockenzeit des Klebers von 1 Stunde.

Der Umriß des Kartons ▶
wird mit der Schere genau
ausgeschnitten.
Deckel und Boden sind im
Zuschnitt fertig!

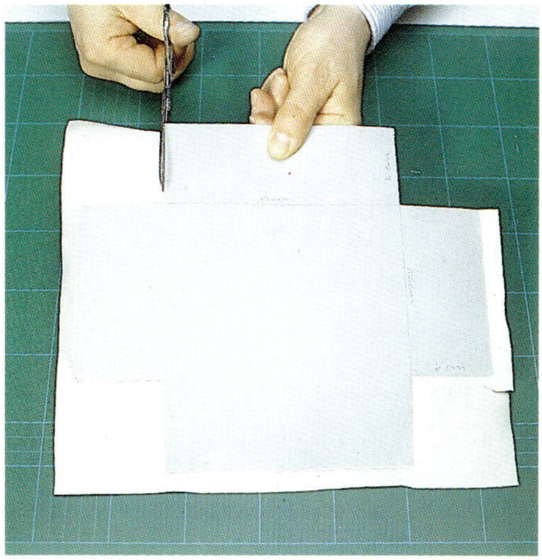

◀ Mit Hilfe des Alu-Lineals
werden die Seiten nach oben
gebogen.

Die vier Ecken werden mit dem ▶
gummierten Papier (in Breite
der Schachtelhöhe) zusammengeklebt, so daß die Seiten im
rechten Winkel verbunden sind.
Der Schachtelboden ist jetzt
innen mit marmoriertem Papier
ausgekleidet.

◀ **Seitenverkleidung der Schachtel**

Einen Streifen zurechtschneiden.
Für die Breite wird der Schachtelrand abgemessen und oben und unten jeweils 1 cm Überschlag hinzugegeben, z.B. Schachtelrand mißt 6 cm + 1 cm + 1 cm = 8 cm Streifenbreite.
Für die Länge den Umfang des Bodens abmessen zuzüglich 1 cm Überschlag. Hat z.B. das Rechteck des Schachtelbodens die Maße 17 × 12 cm, dann gilt 2 × 17 cm + 2 × 12 cm + 1 cm = 59 cm für die gesamte Streifenlänge.

▲
Den Papierstreifen mit Klebstoff bestreichen und senkrecht vor sich auf die Arbeitsfläche legen. Oben und unten jeweils 1 cm Rand lassen, Schachtel ansetzen und einwickeln. Ist der Papierstreifen versehentlich zu kurz geraten, **kann noch ein Stück eingefügt werden.** Die Seiten rundum gut andrücken. Überstehenden Rand bei den Ecken eindrücken und abschneiden. VORSICHT, nicht in den Karton schneiden.

▲
Ist der Klebstoff in der Zwischenzeit wieder angetrocknet, mit dem kleinen Pinsel nochmals einstreichen. Überschlag dann nach innen falzen.

Beim Boden werden die Arbeitsgänge des Überschlags – Eindrücken, Abschneiden und Ankleben – wiederholt.
▼

Bodenverkleidung

Fläche des Bodens ausmessen und jeweils ▶ bei Länge und Breite 0,5 cm abziehen, z. B. bei 12 × 17 cm: 12 – 0,5 cm = 11,5 cm Breite und 17 cm – 0,5 cm = 16,5 cm Länge.

Alle Arbeitsgänge für den Deckel wiederholen!

◀ Zum Trocknen Boden und Deckel ineinanderlassen; die Schachtel darf nur in geschlossenem Zustand trocknen. Haben Sie zuviel Klebstoff verwendet, kann sich die Schachtel etwas verformen. Sie darf dann erst nach ca. 24 Stunden, wenn der Trocknungsprozeß abgeschlossen ist, wieder in Form gebogen werden.

Zuletzt sind Schachtel und Deckel innen ▶ und außen mit marmoriertem Papier verkleidet.

Die Schachtel ist fertig!

SCHMUCKSCHACHTEL „MIT GRIFF“

Die Arbeitsvorgänge bei der Schmuckschachtel sind dieselben wie bei der mittelgroßen Schachtel. Die einzige Besonderheit ist, daß sie einen „Griff" hat.

◀ Die Rundung des Griffs mit Hilfe eines Geldstücks in der Mitte der Längsseite einzeichnen.

Bekleben Sie die Innenseite mit Marmorierpapier und schneiden Sie die Form aus. Den „Griff" sternförmig einschneiden. ▶

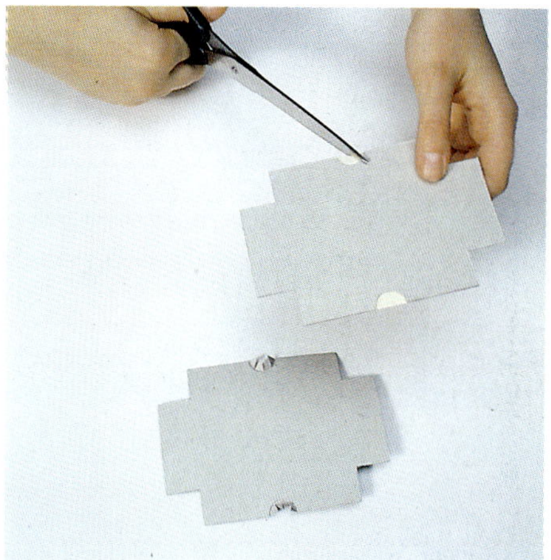

◀ Den Halbkreis auf dem Karton mit Klebstoff bestreichen, Einschneidungen umfalzen und an den Außenseiten festkleben.

◀ Deckel in Form bringen.
Streifen für die Außenverkleidung ausschneiden und mit Klebstoff bestreichen.

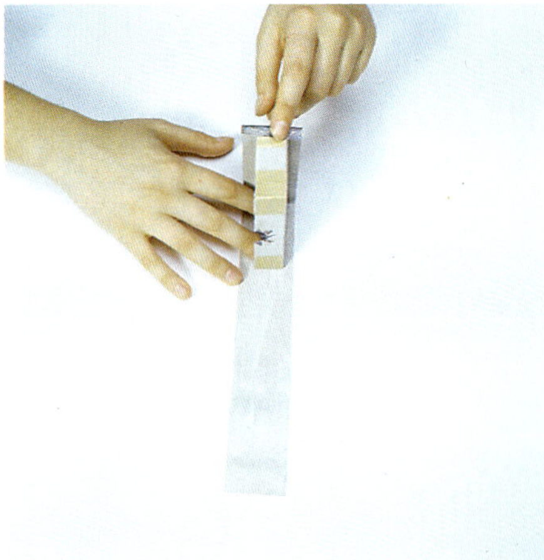

Zur Verkleidung des Randes, die Schachtel ▶
wieder mit einem Streifen einwickeln,
Zugabe nicht vergessen.
Ecken eindrücken, abschneiden.

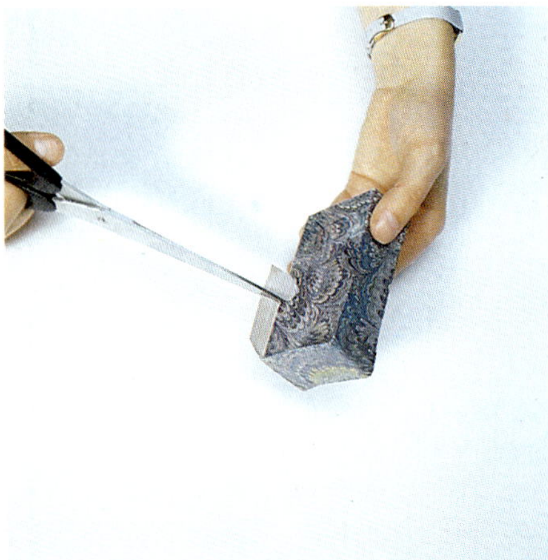

◀ Den Griff schneiden:

Griff senkrecht einschneiden, Seite nach innen falzen.

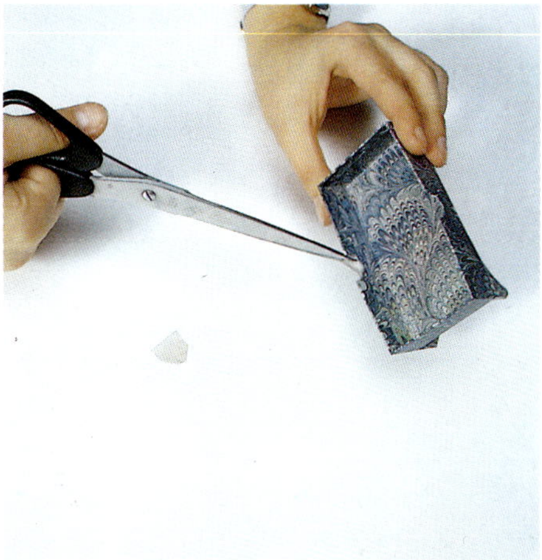

◀ Rundung des Griffs exakt ausschneiden (am besten mit einer Nagelschere). Die restlichen Unfeinheiten mit Klebstoff zurückstreichen.

GROSSE SCHACHTEL (Mit Bücherleinen)

Für die große Schachtel wird eine Graupappe von der Stärke 1,5 mm benötigt. Grundsätzlich kann man Pappe nicht rillen, sondern sie muß geritzt werden. Am besten kann sie gefalzt werden, wenn der Karton zu einem Drittel eingeritzt ist.

Form für den Deckel und den Boden ► ausschneiden. Die Seiten an den vorgezeichneten Stellen einritzen.

Die Arbeitsweise bei der großen ► Schachtel ist identisch mit der bei der mittelgroßen Schachtel. Prinzipiell gilt: Immer von innen nach außen verkleiden. Bei der großen Schachtel variiert die Deckelherstellung.: Der Rand ist mit Bücherleinen eingefaßt und farblich auf das marmorierte Papier abgestimmt worden. Es muß dünnes Bücherleinen verwendet werden, so daß das Falzen auch bei den Ecken möglich ist.

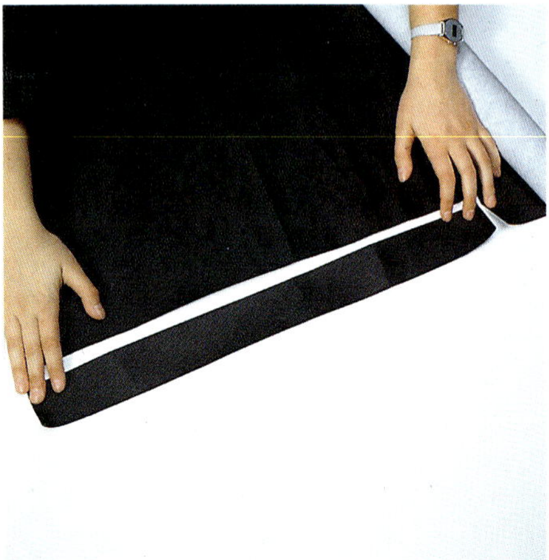

◀ Der Streifen aus Bücherleinen für den Rand muß in Laufrichtung des Fadens geschnitten werden. Die Laufrichtung ist die „Wickelrichtung". In der anderen Richtung läßt sich das Material nicht rollen.
Deckel wie bekannt herstellen. Der Rand wird nun, statt mit marmoriertem Papier, mit Leinen verkleidet.
Bücherleinen vorsichtig mit Klebstoff bestreichen, da dieser sich schlecht wieder entfernen läßt. (Notfalls versuchen Sie es mit einem feuchten Tuch.)

Da der Boden der Schachtel einen sehr großen Umfang mißt, muß bei der Randverkleidung mit zwei Streifen gearbeitet werden. ▶

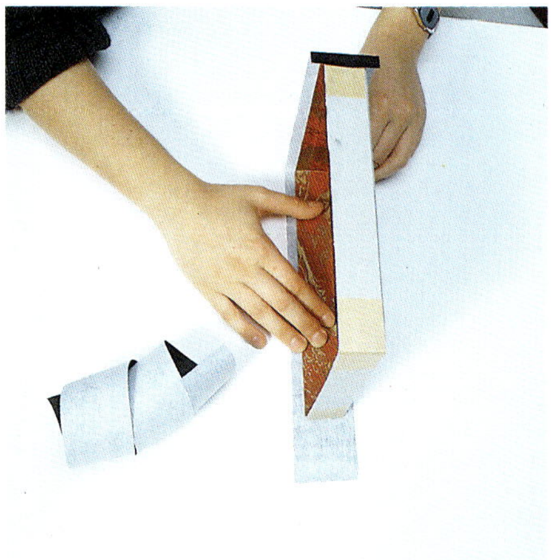

◀ Immer eine Zugabe hinzurechnen, damit es einen sauberen Abschluß gibt.
Vorsicht bei den Ecken: Dort den überstehenden Rand nicht vollständig abschneiden, sondern nur gipfeln (im Winkel von 45 Grad zuschneiden). Nach dem Umfalzen sollten sie übereinanderliegen.

◀ Das marmorierte Blatt des Deckels muß jeweils 1 cm weniger als die Länge und Breite betragen, also kleiner als bei der mittelgroßen Schachtel – das umgeschlagene Bücherleinen sollte als Dekor gut sichtbar sein.

RUNDE SCHACHTEL

Für Boden und Deckel der runden Schachtel wird eine Pappe mit der Stärke von 2 mm verwendet. Für den Rand der Schachtel benötigt man Bristolkarton. Dieser läßt sich leicht biegen, ohne zu knicken. Die Kreisflächen werden ausgeschnitten, der Durchmesser des Deckels muß 4 mm größer sein als der des Bodens.

Haben Sie keinen 2 mm starken Karton, ► können Sie auch zwei Kreisscheiben aus dünnerem Karton aufeinanderkleben.

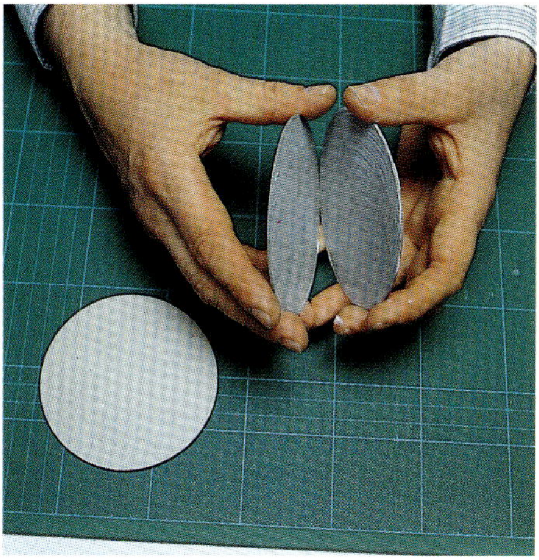

◄ Ungleichmmäßigkeiten, die am Rand entstehen, lassen sich mit feinem Schmirgelpapier ausgleichen. Die Scheiben müssen exakt miteinander abschließen.

◀ Boden und Deckel auf marmoriertes Papier übertragen, mit Klebstoff bestreichen, Pappscheiben andrücken. Die Kreisscheiben erst andrücken, wenn der Klebstoff gut getrocknet ist.
Die Schachtel beginnt man mit dem Boden, also mit dem kleineren Kreis anfangen!

Mit einem Winkel die Markierung ▶ anzeichnen und genau rechtwinklig abschneiden.

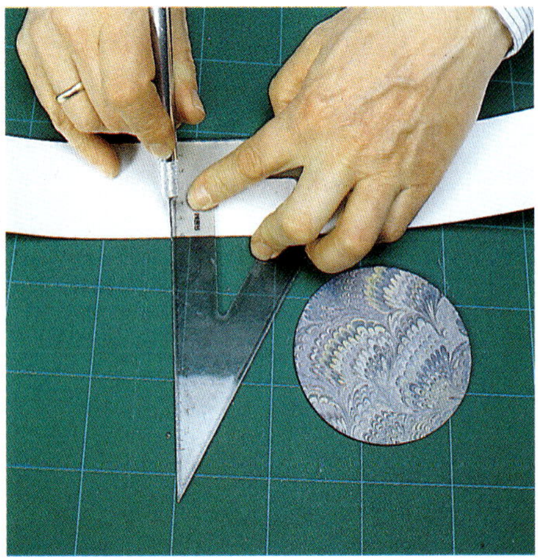

◀ Den Streifen so an den Boden anlegen, daß er auf der Arbeitsfläche aufsitzt. Der Rand muß genau mit dem Boden abschließen. Die benötigte Randlänge – je nach Kreisumfang – markieren.

Randstreifen rechtwinklig mit Schneide- ▶
messer und Winkel abschneiden.
Zwei Streifen mit der Länge der Schachtelhöhe aus gummiertem Papier schneiden.
Der Rand wird mit dem gummierten Papier so zusammengeklebt, daß die Enden genau aufeinanderstoßen.

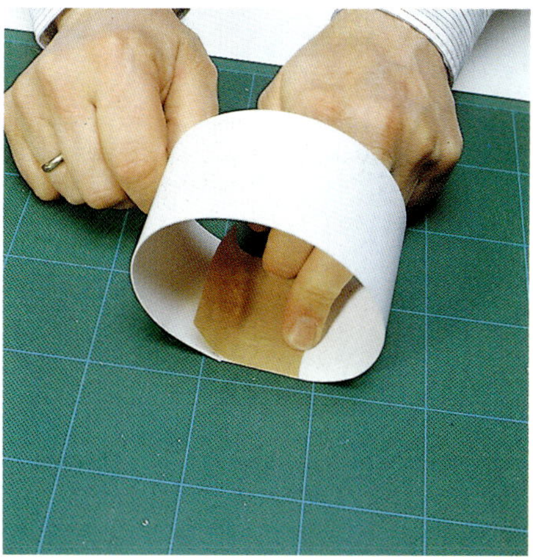

◀ Zur Stabilisierung wird außen und innen je ein Streifen angeklebt.

Der Vorgang wird für den Deckel ▶
wiederholt.
Der Streifen für den Rand ist schmaler, auf der Abbildung ist der Deckelrand 2 cm hoch.

◀ Überprüfen, ob die Teile gut zusammenpassen, genau abschließen.
Den Boden von oben in die „Röhre“, also die Schachtelseite schieben.

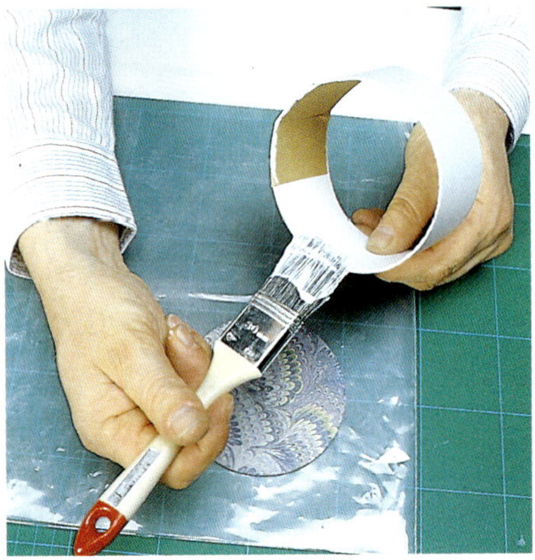

Unteren Rand der Schachtelseite mit Klebstoff bestreichen. ▶

◀ Ring mit klebender Unterseite auf Plastikfolie stellen, Boden von oben nach unten drücken, so daß der Boden mit der Kante abschließt. Klebstoff verstreichen, gut trocknen lassen.

Diese Arbeitsweise wiederholt sich beim Deckel.
▼

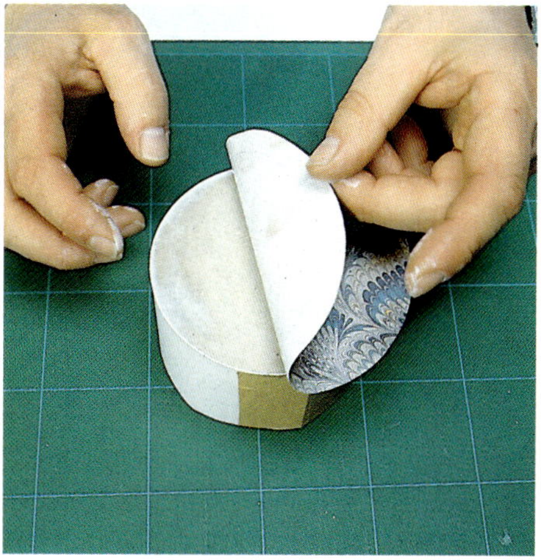

▲
Auf Bodenseite kleben. Randzugabe im Abstand von 1 cm einschneiden, allerdings nicht ganz bis an den Boden heran.

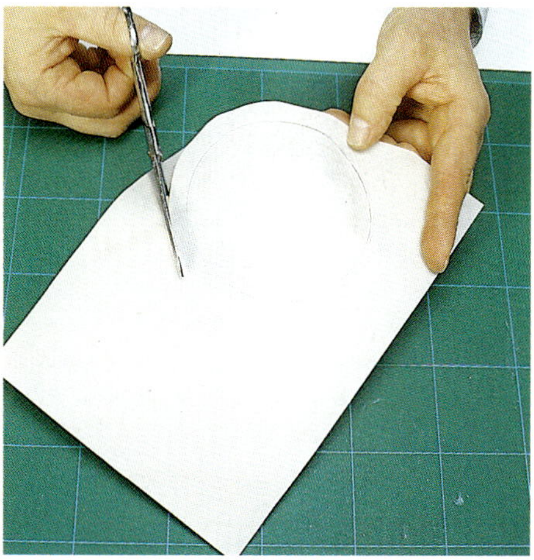

▲
Bodenkreis auf marmoriertes Papier übertragen und mit 1 cm Zugabe ausschneiden.

Eingeschnittenes umfalzen, am Rand festkleben.
▼

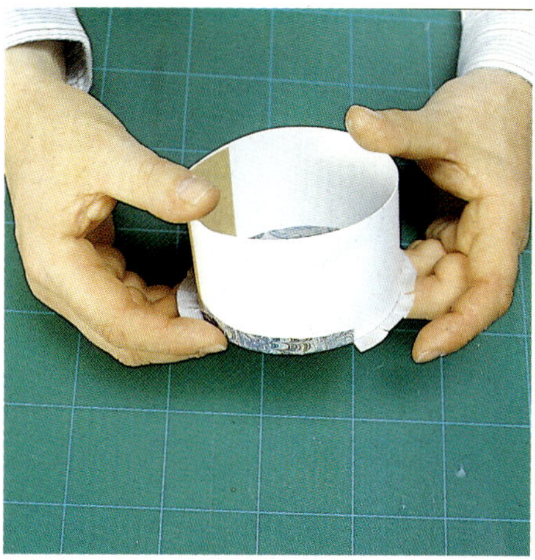

◄ Schachtelrand mit Marmorierpapier verkleiden:
Randhöhe + 1 cm Zugabe für Umschlag, z.B. 6 cm Höhe + 1 cm = 7 cm Breite für Streifen.
Länge des Streifens: Kreisumfang + 1 cm Zugabe. Den Streifen mit Klebstoff einstreichen und auf den Rand kleben, gut andrücken. Der Streifen muß genau mit dem Boden abschließen.

▲
Innenseite der Schachtel:
Höhe der Schachtel mit Papierstückchen von innen abmessen (nur so awird der Boden nicht mitgemessen). Zwei Millimeter unter dem Rand markieren. Für die Innenauskleidung einen Streifen mit der Breite der eben gemessenen Höhe und der Länge des Kreisumfangs + 1 cm Zugabe (Klebenaht) schneiden.

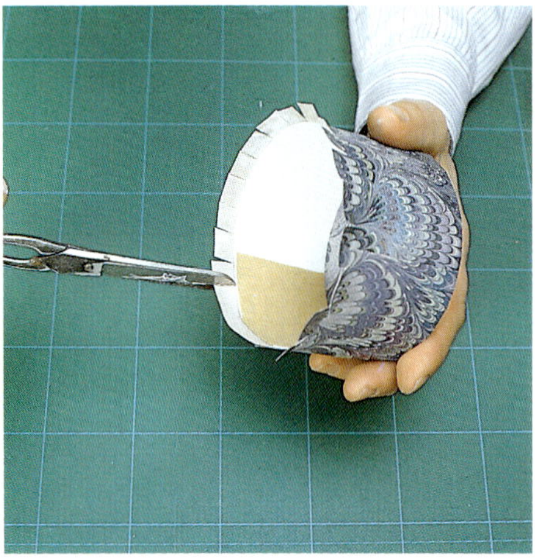

▲
Überschlag in 1 cm Abstand einschneiden, umfalzen, festkleben.

◀ Die Innenseite vorsichtig mit Streifen auskleiden, leicht festdrücken. Entstandene Blasen glattstreichen und die Auskleidung überall gut anpassen; dann gut andrücken und trocknen lassen.

Für den Deckel wird der Vorgang ▶ wiederholt.
Deckel und Schachtel müssen 24 Stunden getrennt trocknen (nicht als geschlossene Schachtel!), eventuell nach der Trocknungszeit in Form biegen.
Je weniger Wasser und Klebstoff verwendet wird, desto weniger verzieht sich die Schachtel anschließend.

Die Arbeitsfolge für die kleine runde Schachtel ist identisch mit der der großen runden Schachtel. Bei kleinen Schachteln bis 12 cm Durchmesser sollten Sie Bristolkarton der Stärke 400 g/qm verwenden. Bei großen Schachteln (ab 14 cm Durchmesser) sollten Sie Karton der Stärke 500-600 g/qm für Boden und Deckel verwenden.

OVALE SCHACHTEL

Hier muß sehr genau gearbeitet werden. Die **Grundovalform** muß exakt vom Schnittmusterbogen übernommen werden. Andere Größen erreichen Sie durch maßstabsgerechtes Vergrößern oder Verkleinern.

► Die Arbeitsweise für den Boden und den Deckel ist die gleiche wie für die runde Schachtel, die Seiten betragen ebenfalls 6 cm. Die ovale Schachtel ist von außen und innen mit marmoriertem Papier verkleidet.

Die Nahtstelle der Seitenwand muß beim Deckel wie beim Boden auf der Längsseite des Ovals sein. ►

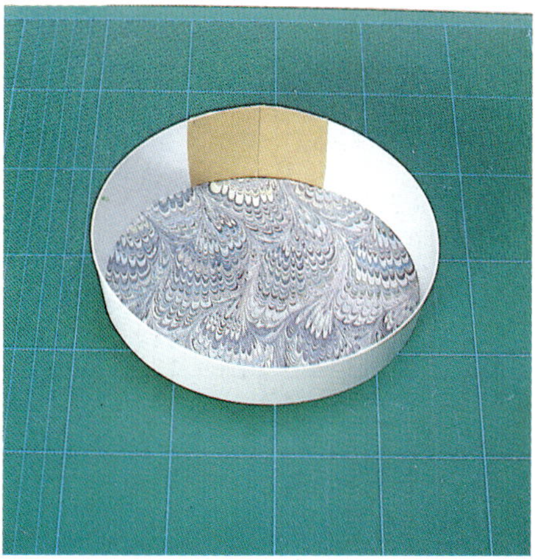

Alle weiteren Arbeitsschritte sind gleich wie bei der bereits beschriebenen runden Schachtel.

„Gute Formen" für die Schachteln:
Bei kleinen Schachteln empfiehlt sich eine Seitenhöhe von 4 cm, bei großen von 6 cm. Die Deckel sind jeweils 2 cm hoch.